Sciences Little Newton Encyclopedia

小牛顿 科学王

动物王国

四川少年儿童出版社

图书在版编目（CIP）数据

　　动物王国 / 牛顿出版股份有限公司编. -- 成都 ：
四川少年儿童出版社，2015 (2019.6重印)
　　（小牛顿科学王）
　　ISBN 978-7-5365-7294-2

　　Ⅰ. ①动… Ⅱ. ①牛… Ⅲ. ①动物－少儿读物 Ⅳ.
①Q95-49

　　中国版本图书馆CIP数据核字 (2015) 第225979号
　　四川省版权局著作权合同登记号：图进字21-2015-19-24

出 版 人：常　青
项目统筹：高海潮
责任编辑：隋权玲
美术编辑：刘婉婷　汪丽华
责任校对：王晗笑
责任印制：王　春

XIAONIUDUN KEXUEWANG · DONGWU WANGGUO

书　　名：小牛顿科学王·动物王国
出　　版：四川少年儿童出版社
地　　址：成都市槐树街2号
网　　址：http://www.sccph.com.cn
网　　店：http://scsnetcbs.tmall.com
经　　销：新华书店
印　　刷：艺堂印刷（天津）有限公司
成品尺寸：275mm×210mm
开　　本：16
印　　张：5
字　　数：100千
版　　次：2015年11月第1版
印　　次：2019年6月第4次印刷
书　　号：ISBN 978-7-5365-7294-2
定　　价：16.00元

台湾牛顿出版股份有限公司授权出版

目录

1 可爱的动物

兔 子

● 兔子的食物

猜猜看，兔子是吃什么食物长大的？

给家长的话

　　兔子为食草动物，它们对食物类型有自己的喜好，进食的方式颇为特殊，这些都是孩子们观察时应该注意的地方。此外，洋葱是不能给兔子吃的食物。兔子不喜欢湿气过重的地方，体内的水分可从食物中直接摄取，因此不需要额外喂水。

兔子的嘴里有很长很大的门牙。

兔子吃胡萝卜和鹅肠菜，但不吃虫。

◉ 兔子进食的方式

小朋友，赶快安静下来，仔细观察兔子吃东西的样子。

兔子吃东西时咀嚼得很仔细，如果食物又硬又大，它们便用门牙啃咬食物。

兔子最喜欢的食物

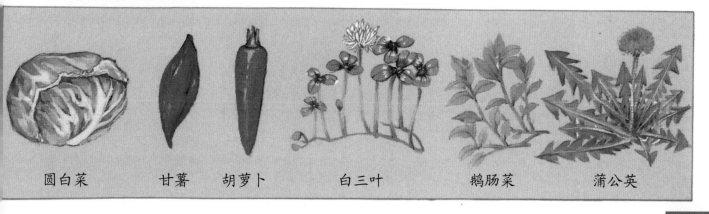

| 圆白菜 | 甘薯 | 胡萝卜 | 白三叶 | 鹅肠菜 | 蒲公英 |

◉兔子的活动方式

想想看，兔子是如何活动的呢？

休息的时候
还会摇动耳朵。

利用后腿站立的兔子

利用前肢擦洗脸部。

兔子可以利用长长
的后腿轻快地奔跑。

垂下耳朵，以脚搔抓身体。

坐下、跳跃或站立
时也是利用后腿。

奔跑中的兔子

给家长的话

　　除了引导孩子认识兔子的红眼睛、
长耳朵的特征之外，家长也应该让孩子了
解兔子的运动与休息方式。抱兔子时必须
用一只手抓住兔子的背部，另一只手环抱
兔身，千万不可随便提拿兔子的耳朵。

狗和猫

◉ 各种不同的狗狗

狗的品种有许多。

柴犬

圣伯纳犬

京巴犬

可卡犬

◉ 狗和猫的食物

狗和猫到底吃些什么呢？

嘴

狗吃肉、鱼和饭等。

嘴

猫除了吃鱼、肉、饭之外，也吃虫和老鼠。

◉ 各种不同的猫

猫也有许多品种。

波斯猫

日本田园猫

阿比西尼亚猫

暹（xiān）罗猫

给家长的话

狗和猫是与人类关系比较亲密的动物。比较这两种动物的食物、运动形态和习性，可以让孩子更好地了解二者。当猫、狗进食时，切勿随意干扰，否则极易被咬伤。

◉ 狗和猫的活动

想想看，它们有哪些活动的方式？

坐、卧、跑等姿态。

猫即使反身落下，也可以调正身体的方向。

金　鱼

◉ 吃饵的方式

小朋友，让我们一起观察金鱼吃饵料的情形。

当金鱼发现饵时便张大嘴巴，然后把水和饵料一起吞入口里，食物进入肚内，水从后鳃孔流出。

◉游动方法

仔细观察看看，金鱼用哪个部位在水中游动？

在水中游动的金鱼。金鱼利用鳍和尾部在水中游动。

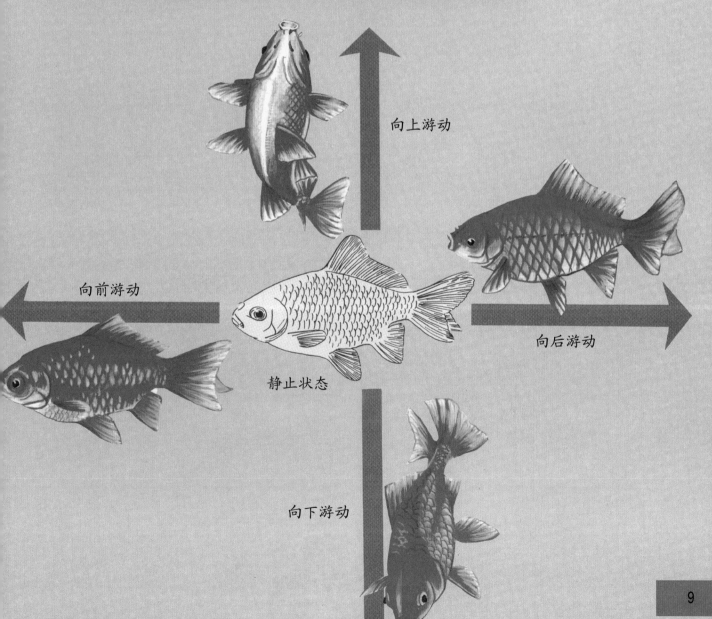

向上游动

向前游动

静止状态

向后游动

向下游动

十姐妹

●进食的方式

小朋友，让我们一起观察十姐妹进食的情形。

给家长的话

鸟类可分为饲养型与野生型两种，二者的习性各异。本文列举了十姐妹的特性，但每一种家庭饲养的鸟类各有不同的饲养方法。因此，孩子可以在饲养和照顾鸟类的同时，也观察各种鸟类的异同。

十姐妹没有牙齿，所以只能用嘴巴啄食，然后把食物整个吞下去。

利用嘴巴啄食蔬菜的叶片。

让水进入口中再仰头喝进肚里。

母鸟用食物喂养雏鸟。

◉ 十姐妹的活动方式

十姐妹的活动方式有什么特别的地方呢?

用力挥动翅膀飞翔。

在树枝上停留时,脚趾紧紧地抓住树木的枝干。脚趾的前端有长长的爪。

利用嘴巴清洁自己的羽毛。

在水盆中沐浴。

有些十姐妹的羽毛非常洁白。

鸡

◉ 鸡的食物

鸡吃各种不同的食物，现在让我们一起观察鸡的进食情形。

米、小麦、青菜、蚯蚓等都是鸡的食物。

母鸡

公鸡

喝水时先让水进入口中，然后再仰头喝进肚里。

鸡没有牙齿，所以用嘴巴啄食，再把食物整个吞下去。

鸡的食物

白萝卜的叶子

小麦

贝壳

玉米

蚯蚓

◉ 鸡的活动方式

玩泥沙游戏。

晚上多半在栖木上睡觉。

公鸡会喔喔地啼叫。

展开美丽的翅膀。

四处走动或奔跑。

用脚抓地
以寻找食物。

鸭 子

给家长的话

鸭子是由野鸭进化而成的鸭科动物，鸭肉和鸭蛋可供人类食用。鸭子和鸡一样没有牙齿，但鸭子的嘴部扁平，边缘呈锯齿状，可压断食物。

◉ 进食的方式

面包屑、青菜、水草等都是鸭子的食物。鸭子没有牙齿，所以用嘴巴啄食后再把食物整个吞进肚里。

◉ 走路和游水的姿势

走路时会左右摇摆身体。

正在进食的鸭子

用脚划水，身体便慢慢地前进。

鸭子是游泳高手，脚部平坦，脚趾间有蹼。

整理——可爱的动物

■ 食物

兔子和鸡都是动物，但是它们的食物并不相同。其他动物也是如此，有些东西经常吃，有些东西比较少吃。

■ 进食的方式

兔子、狗、猫都有牙齿，可以用牙齿咬碎食物。鸡、鸭子没有牙齿，所以用嘴巴啄食后再把食物整个吞进肚里。

■ 食物与嘴巴的形状

  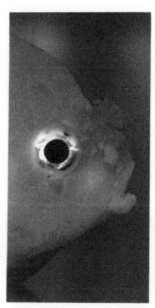 

狗或猫的嘴巴——吃鱼或肉

兔子的嘴巴——吃胡萝卜或鹅肠菜

金鱼的嘴巴——吃面包屑或小麦

鸡或鸭子的嘴巴——吃面包屑或蚯蚓

■ 活动的方式

兔子会摇动长耳朵，金鱼会摆动鱼鳍，十姐妹会挥动翅膀，不同生物的活动方式各不相同。

2 | 爬行的小动物

蚂 蚁

◉ 蚂蚁的家

蚂蚁的家到底在哪里呢？小朋友，你可以到庭院或野地里试着找找看。

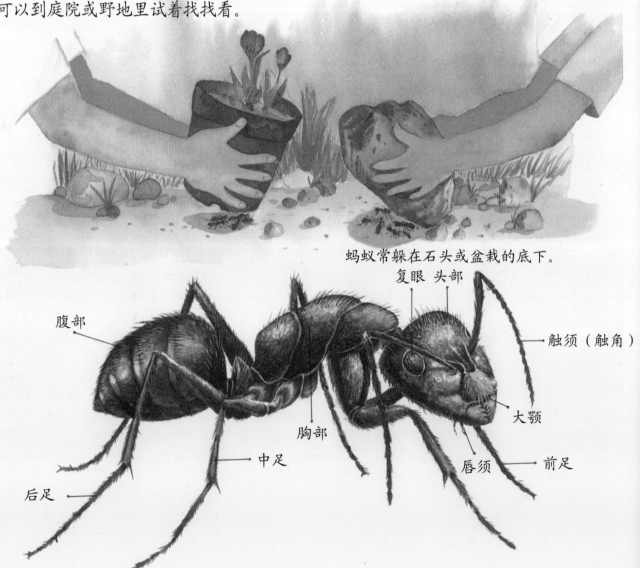

蚂蚁常躲在石头或盆栽的底下。

腹部　胸部　中足　后足　复眼　头部　触须（触角）　大颚　唇须　前足

◉蚂蚁的食物

蚜虫体内的汁液、花蜜、草种和昆虫的尸体等都是蚂蚁的食物。如果食物太重而一只蚂蚁搬不动时，数只蚂蚁便会合力把食物搬回巢去。

聚集在糖果上的蚂蚁

舔蚜虫汁液的蚂蚁

数只蚂蚁合力搬运昆虫的尸体

采集花蜜的蚂蚁

◉蚂蚁的巢

蚂蚁把找到的食物运回巢里。蚂蚁和同伴们在蚁巢过着集体生活。

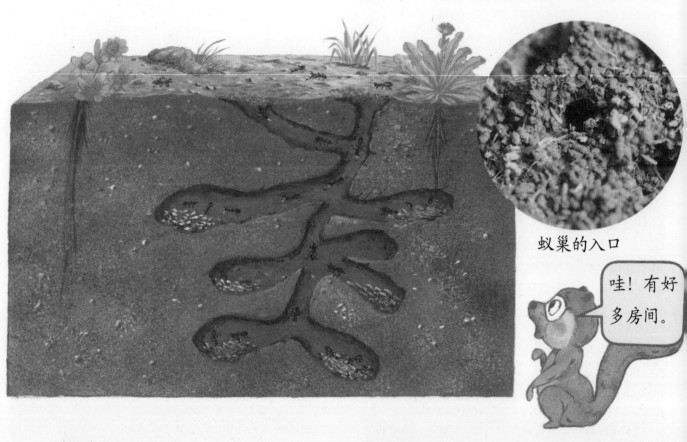

蚁巢的入口

哇！有好多房间。

进阶指南

蚂蚁的问候方式

蚂蚁可以分辨同巢的伙伴。

当蚂蚁碰到同伴时，会利用触角互相打招呼。但是如果碰到不同蚁巢的蚂蚁，它们有时却会打起架来。

两只互相打招呼的蚂蚁

鼠妇和蠼螋（qú sōu）

◉ 鼠妇

住在石头或落叶下的潮湿地带，以落叶等为食。

用手碰触虫体的时候，虫身会蜷曲成球，如果碰到危险，可以借此保护自己。

◉ 蠼螋

尾部有一对夹子，住在石头底下或土堆中，以其他昆虫为食。

用棍子碰触虫体的时候，尾部会竖起，并用夹子作为武器。

蜗　牛

◉蜗牛居住的地方

下雨的天气里可以到庭院走走，你会发现绣球花的叶子上爬满了蜗牛，墙壁上也有不少蜗牛在慢慢爬行。

给家长的话

蜗牛的种类繁多，全世界约有两万种。蜗牛喜欢住在潮湿的地带，它们以植物的叶子或蔬菜为食。如下图所示，蜗牛的壳上面有螺旋状的纹路。

在阴天或大清早时，可以到田间找找看，你会发现菜园里的圆白菜或其他蔬菜的叶子上爬满了蜗牛。

蜗牛也吃黄瓜和圆白菜。

田边或庭院角落的剩菜叶上也聚集了许多蜗牛。

🐌 进阶指南

蜗牛的生活

蜗牛在土壤中产卵。

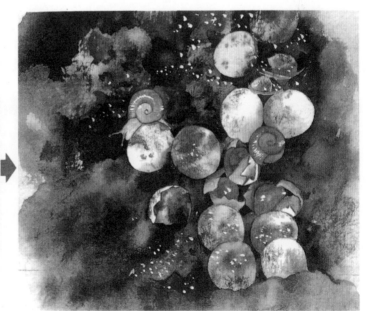

卵会孵化成幼小的蜗牛。

◉ 观察蜗牛

蜗牛有哪些活动方式呢？

壳

腹足

蜗牛的身体从壳里钻出来时，头上的触角一直在摆动。

眼　　　触角

蜗牛一面从腹足排出黏液，一面像波浪般移动足部，并慢慢前进，所以在地面上留下了明显的痕迹。

蜗牛的腹足很柔软，可以紧紧地吸在叶片或茎上。

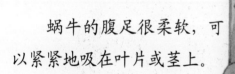

如果连日都是好天气，蜗牛的身体会缩进壳里。这时你如果在壳的外头浇水，蜗牛的身体会慢慢地从壳里爬出来。

蜗牛有向上爬行的习惯，但到达顶端时会反过来朝下爬行。

蜗牛可以安稳地爬过极细的绳索。

哎呀！

蜗牛的触角被触碰后，身体会缩回壳里。

● 蜗牛的食物

想想看，蜗牛喜欢吃什么？
它们怎么吃东西？

蜗牛喜欢吃黄瓜和树叶等等。

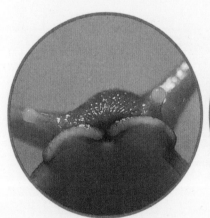

蜗牛的嘴部位于头部的下面。

蜗牛的舌头上有齿，齿的形状像擦丝器一样。

蜗牛的食物

黄瓜
白菜
圆白菜
胡萝卜
油菜

🍂 动脑时间

蛞蝓（kuò yú）

　　蛞蝓和蜗牛属于同类，但是蛞蝓没有外壳。蛞蝓的食物和蜗牛相似，它们也喜欢住在潮湿的地方。

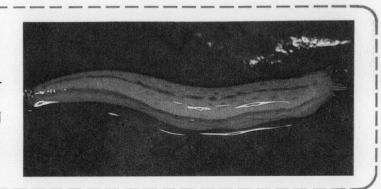

小朋友，对爬行的小动物的学习和观察到这里就结束了。请你把收集的各种爬行小动物放回它们原来居住的地方吧！

整理 —— 爬行的小动物

■ **爬行的小动物居住的地方**

　　爬行的小动物居住的地方一定有它们喜爱的食物。

■ **爬行的小动物活动的情形**

　　爬行的小动物为了觅食，会到处走动。

　　有些小动物像蚂蚁一样四处走动；有些爬行的小动物像蜗牛一样四处爬行。

■ **爬行的小动物的食物**

　　有些爬行的小动物喜欢吃草或蔬菜；有些爬行的小动物喜欢吃某些昆虫或花蜜。

3 草丛和山野中的昆虫

昆虫居住的地方

小朋友，我们的四周有着各种各样的昆虫，那么，昆虫到底住在哪些地方呢？

你可以到花儿盛开的地方找一找，看看会发现什么样的昆虫。

学习重点

❶昆虫究竟住在什么样的地方？
❷在一年四季的每个季节里可以看见什么样的昆虫？
❸昆虫的食物是什么？它们有哪些活动方式？

草丛里也有许多昆虫，小朋友，你不妨仔细地找找看。

森林中的树木上也住着众多的昆虫，你可以带着朋友一起去寻找。

访花的昆虫

许多昆虫聚集在油菜和紫云英的花上。到底是些什么样的昆虫呢？它们聚集在植物上做些什么？小朋友，请你仔细地观察看看。

◉纹白蝶

纹白蝶在花丛间来回飞舞，它们究竟在忙些什么呢？它们的飞行方式如何呢？

停在花朵上的纹白蝶会伸出有如吸管的口器吸食花蜜。

纹白蝶伸展口器

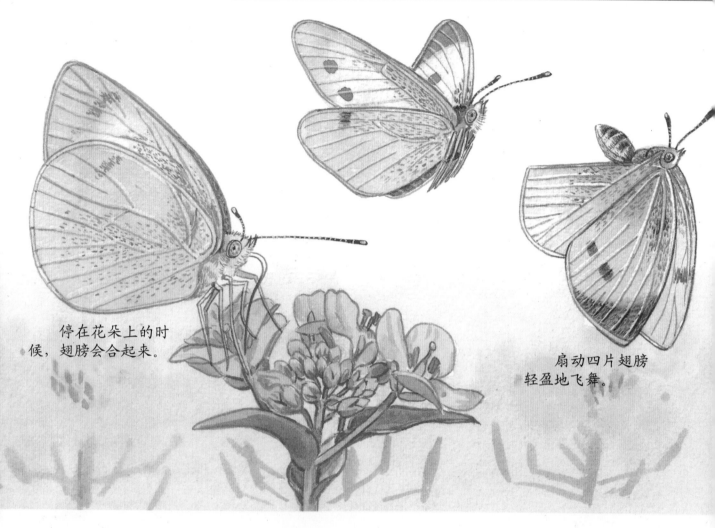

停在花朵上的时候，翅膀会合起来。

扇动四片翅膀轻盈地飞舞。

◉ 黄纹粉蝶

黄纹粉蝶也跟着飞来，并停在花朵上吸蜜。

◉ 凤蝶

凤蝶的体形很大，颜色非常鲜艳。仔细观察一下，看看它们吸蜜的模样。

吸食花蜜的凤蝶

◉ 乌鸦凤蝶

吸水的乌鸦凤蝶

◉ 熊蜂

吸取花蜜的熊蜂

◉ 蜂蝇

吸食花蜜的蜂蝇

33

◉蜜蜂

小朋友，请仔细观察一下，蜜蜂们
在花间来回飞舞，究竟在做什么呀？

采集花蜜与花粉的蜜蜂

沾了花粉的后脚

蜜蜂们把花蜜和花粉运回蜂巢中以饲养小蜜蜂，或把这些东西储存起来留到以后再吃。工蜂利用后脚采集并运送花粉。

树上的昆虫

树林或森林中住着各种昆虫。仔细找一找，图中究竟有哪些虫类？

油蝉在树木间四处飞行，但是飞行时间不长。

◉油蝉

每当夏季来临时，油蝉便开始鸣叫。油蝉停留在树木上做什么呢？

停在树木上吸取树木汁液的蝉

蛁蟟

蟪蛄

◉ 蛁蟟（diāo liáo）

这种蝉很喜欢大声鸣叫。

◉ 蟪蛄（huì gū）

这种蝉会叽叽地叫。

🌱 进阶指南

会叫的蝉是雄蝉

　　雄蝉的腹部有一对发声器，雄蝉利用发声器里的瓣膜来发声。

雄蝉　　　　　　　　雌蝉

◉ 独角仙

独角仙展开四片翅膀飞行。

独角仙在树上
舔着树木的汁液。

独角仙的角

雄的独角仙有角。雌的独
角仙没有角，体形比雄的小。

◉ 锹（qiāo）形虫

　　树林中栖息着各式各样的
锹形虫。请仔细找一找。

草丛里的昆虫

草丛里住着各种不同的昆虫。有些昆虫的叫声非常优美。找找看，究竟有哪些昆虫呢？

◉ 蝗虫

蝗虫常常在草丛中四处跳跃。它们的食物是什么？它们用什么方法跳跃呢？请仔细观察看看。

雄蝗虫骑在雌蝗虫背上进行交配。

● 负蝗

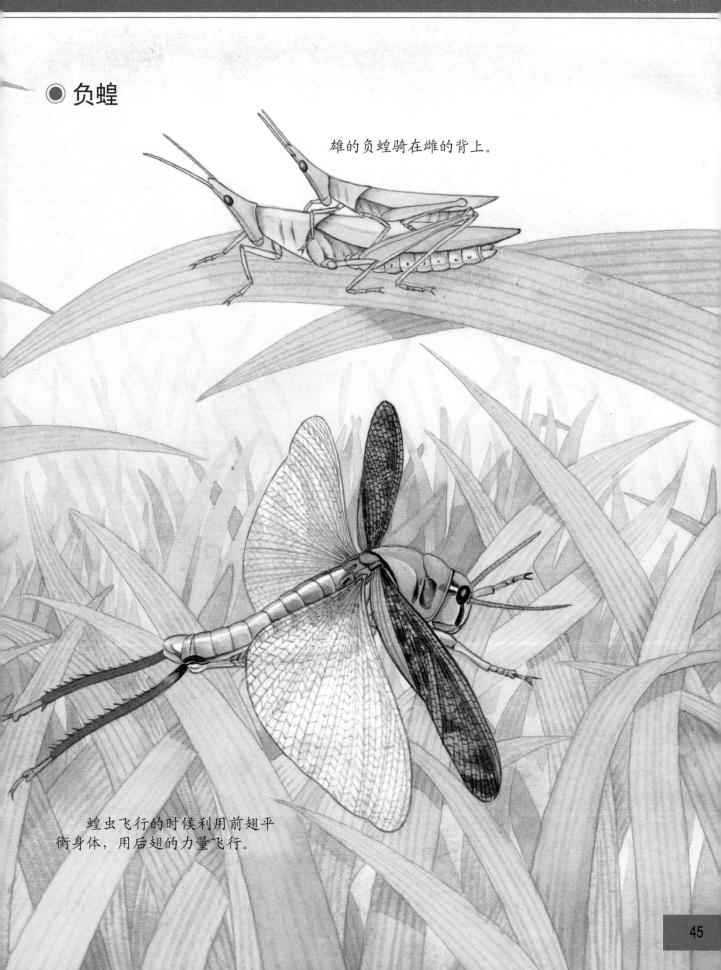

雄的负蝗骑在雌的背上。

蝗虫飞行的时候利用前翅平
衡身体，用后翅的力量飞行。

● 蟋蟀

蟋蟀住在草地或枯草堆积的土地上。

雄蟋蟀会摩擦翅膀发出声音。

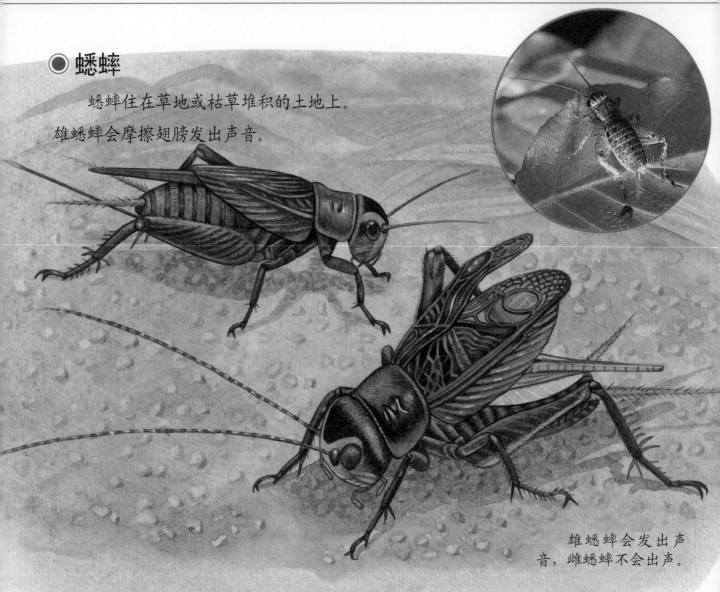

雄蟋蟀会发出声音，雌蟋蟀不会出声。

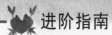 进阶指南

蟋蟀的饲养方法

饲养蟋蟀时可以在水缸或其他容器里放置泥土，并偶尔在容器里喷点水，同时把容器内部清理干净。

黄瓜、花生、水果等都是蟋蟀喜欢的食物。

◎瓢虫

在蔬菜的叶子上或草木丛生的地方常可看到蚜虫，而它们正是瓢虫喜欢的食物。

黄瓢虫

正在捕食蚜虫
的瓢虫

锚纹瓢虫

七星瓢虫

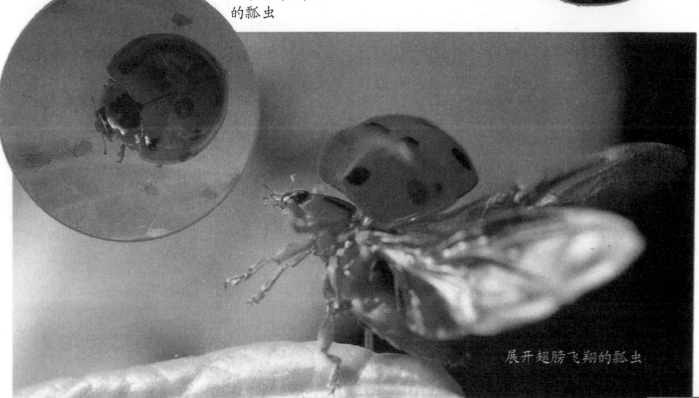

展开翅膀飞翔的瓢虫

◉ 螳螂

螳螂也喜欢住在草丛里。
螳螂的颜色及形状都和青草
很相似。

螳螂不吃青草。它们
喜欢吃飞蝗之类的虫类。

准备攻击敌人的螳螂
抬起镰刀状的脚部和翅膀准备扑杀敌人。

螳螂的脸
部呈三角形，
嘴巴很结实，可
以咀嚼很硬的食物。

整理——草丛和山野中的昆虫

■ 昆虫居住的地方

昆虫住在花圃、草丛、田地、树林以及其他地方。每种昆虫的居住地都是一定的。花儿盛开的地方常见纹白蝶、凤蝶和蜜蜂等昆虫。树上有蝉、独角仙、锹形虫等。

草丛和叶片中则有蝗虫、蟋蟀、瓢虫和螳螂。昆虫居住的地方多半有许多昆虫喜爱的食物。

■ 昆虫的食物

每种昆虫的食物都不太相同。蝴蝶和蜜蜂喜欢花蜜和花粉；蝉、独角仙和锹形虫喜欢吸食树木的汁液；蝗虫喜欢草和叶片；螳螂喜食虫类。因为食物不同，每种虫类的嘴部形状也不一样。

■ 昆虫的活动方式

昆虫的活动方式各不相同。蝴蝶、蜜蜂和蝉是利用翅膀飞行；蝗虫和蟋蟀则用足部跳跃。此外，雄的蟋蟀或瓢虫会摩擦翅膀发出声音，雌的蟋蟀或瓢虫不会鸣叫。

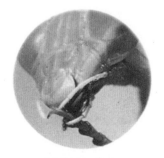
螳螂的嘴部

大避债蛾幼虫的嘴部

蝉的口器

纹白蝶的口器

4 水中的生物

各式各样的生物

池塘、河川或沼泽的水中住着各种不同的生物。

你可以试着在水面、浅水的地方或者水底找找看。

泽蛙

蝌蚪

水螳螂

龙虱

泥鳅

螯虾

田螺

学习重点

❶ 哪些生物居住在水中？

❷ 水生生物的食物是什么？水生生物的嘴部形状像什么？

❸ 水生生物的活动方式是什么？

蜻蜓

水黾

豉甲

松藻虫

姬牙虫

鳉鱼

鲫鱼

水虿

河蚌

草虾

小朋友，你吃过美味可口的草虾吗？煮熟以后红艳诱人的草虾，在世界上占养殖产量的第一位。我们来看看辛苦的养殖工人如何养殖草虾吧！

如今的草虾养殖池已可自动控制温度、盐度，为虾苗提供更适宜的环境。

草虾的养殖池

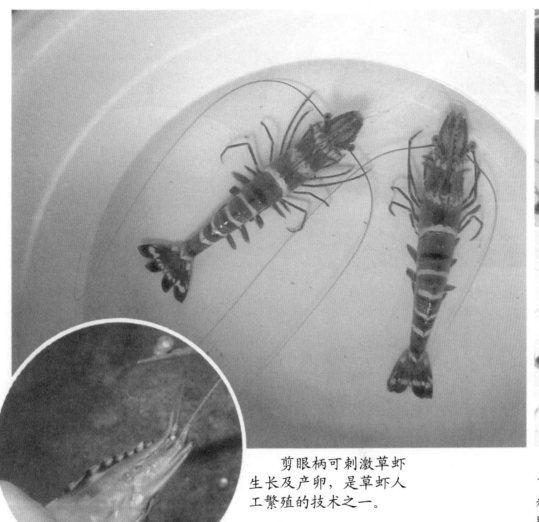

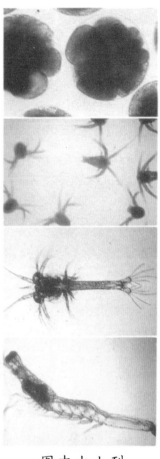

剪眼柄可刺激草虾
生长及产卵，是草虾人
工繁殖的技术之一。

图中由上到
下依次为草虾受
精卵、无节幼虫、
眼幼虫、糠虾期
幼虫。

采收草虾

养殖过程中要经常检测养殖池的水质。

● 草虾养殖过程

种虾

　　天然捕获的种虾 1~3 日内产卵，产卵数在 10 万 ~90 万粒之间。

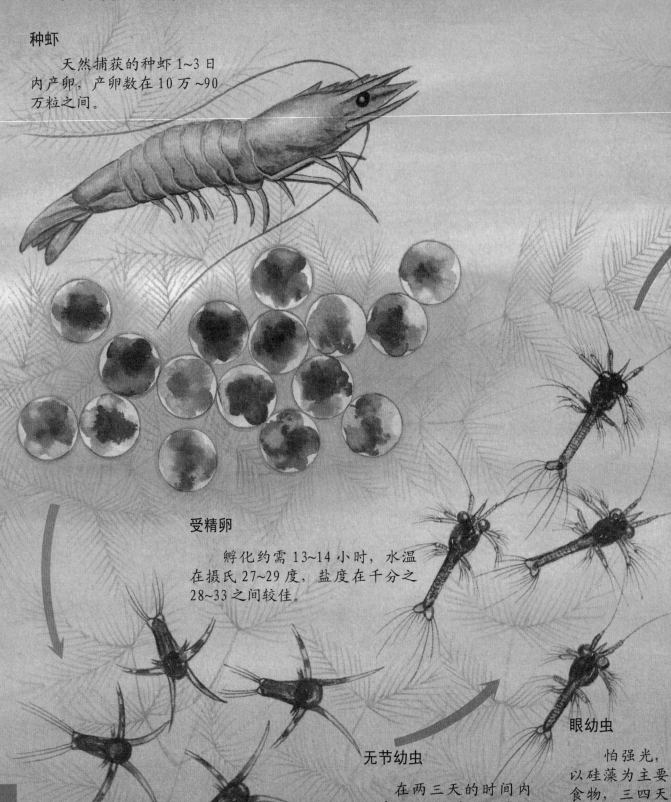

受精卵

　　孵化约需 13~14 小时，水温在摄氏 27~29 度，盐度在千分之 28~33 之间较佳。

无节幼虫

　　在两三天的时间内脱壳 6 次，变成眼幼虫。

眼幼虫

　　怕强光，以硅藻为主要食物，三四天内脱壳 3 次。

脱壳 6 次，变成眼幼虫。

内脱壳 3 次。

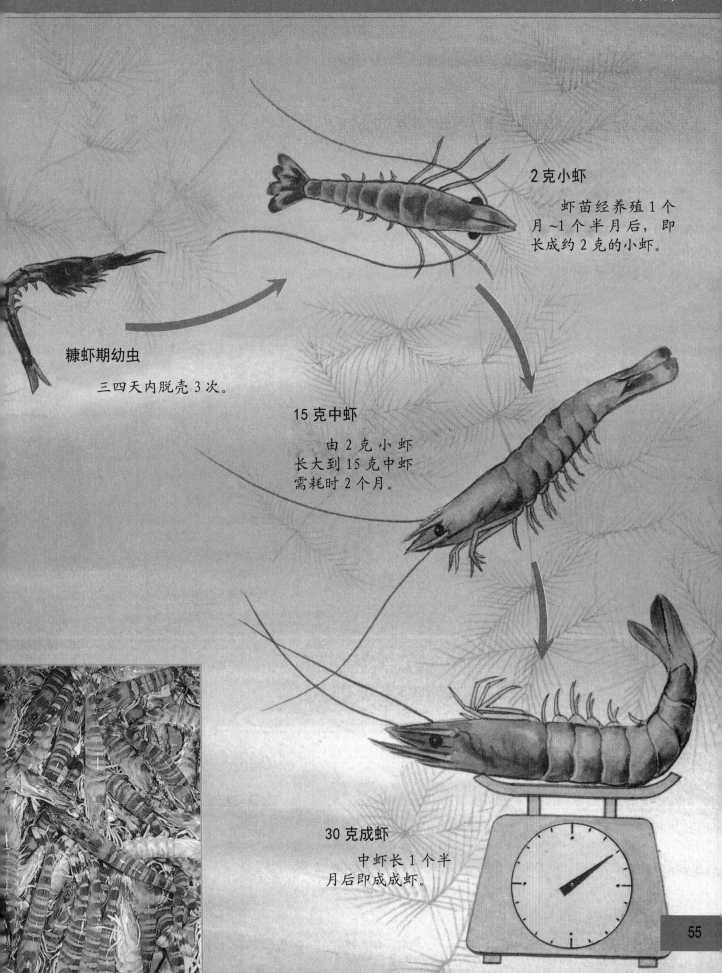

2 克小虾

虾苗经养殖 1 个月~1 个半月后，即长成约 2 克的小虾。

糠虾期幼虫

三四天内脱壳 3 次。

15 克中虾

由 2 克小虾长大到 15 克中虾需耗时 2 个月。

30 克成虾

中虾长 1 个半月后即成成虾。

螯（áo）虾

◎ 螯虾经常出现的地方

螯虾到底住在什么地方呢？你可以到池塘或田里找找看。

螯虾喜欢在池塘的底部挖掘洞穴，然后在洞穴里居住。

在田里也可以找到螯虾。

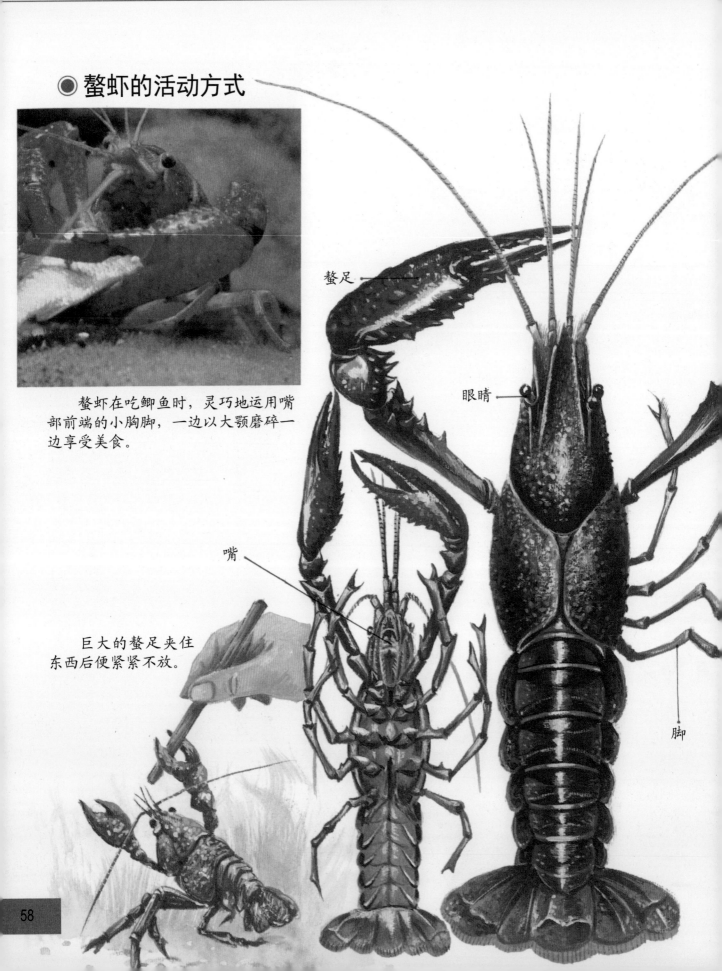

◉ 螯虾的活动方式

螯虾在吃鲫鱼时，灵巧地运用嘴部前端的小胸脚，一边以大颚磨碎一边享受美食。

螯足

眼睛

嘴

巨大的螯足夹住东西后便紧紧不放。

脚

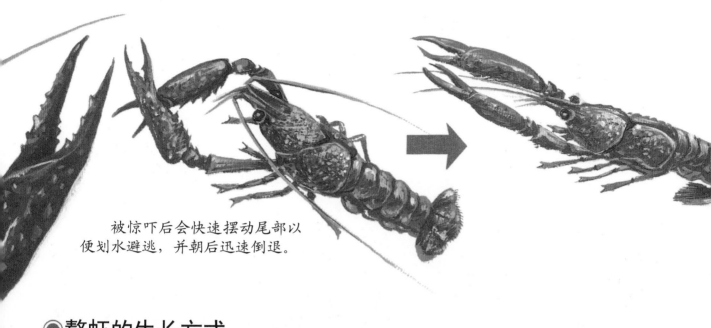

被惊吓后会快速摆动尾部以
便划水避逃，并朝后迅速倒退。

◉螯虾的生长方式

　　雌、雄螯虾面对面交配
时，雌虾在下方，雄虾则抓
住雌虾的螯，压住其身体。

　　产卵两三天抱住卵的雌螯
虾。雌虾在遇到危险时，即卷
起尾部保护卵。

　　孵化两星期的幼虾。
长到这般大时，渐渐离开
母虾到处行走。

　　2~3岁的螯虾正在脱掉头胸甲，每次脱壳大约需要10分钟。

豉（chǐ）甲

◎ 豉甲的活动方式

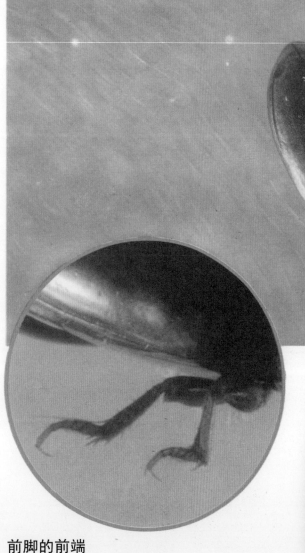

豉甲经常在小河、池塘或沼泽的平静水面上来回游动。

◎ 豉甲的眼睛

前脚的前端

前脚很长，捕捉东西时可以发挥作用。

由侧面观察眼睛

共有 4 只眼睛，上面有 2 只，下面也有 2 只。上面的眼睛可以观察水面的事物，下面的眼睛可以观察水中的事物。

水黾（miǎo）

◎ 水黾的活动方式

水黾利用长长的细脚在水面上滑行。

◎ 水黾的食物

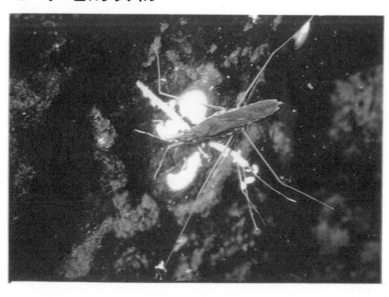

脚的前端

　　水黾的脚部有许多小毛，这些小毛可以防水，所以身体部分不会下沉。

吸汁

　　水黾捕捉掉落在水面上的小虫，并吸取小虫身上的汁液。

青蛙

　　春天来临，天气渐渐暖和之后，池塘或田里会出现许多蝌蚪，蝌蚪是青蛙的幼虫。让我们一起来观察蝌蚪的游水方式，并看看它们所吃的食物。

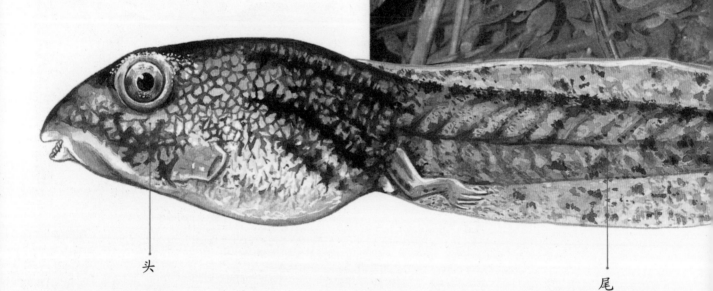

头

尾

蝌蚪游水的方式

鱼游水的方式

蝌蚪摇摆尾部像鱼一般游水前进。

蝌蚪喜欢吃水草。

蝌蚪的食物

面包

小熟鱼干

煮蛋

水草　　　水芹的根

从下往上看可以看到蝌蚪的嘴部。它们嘴的四周有齿，可以咬碎食物。

◉ 青蛙的活动方式

让我们一起来观察青蛙在陆地上与水中的活动方式。

在陆地上时，利用后腿蹬着地面往前跳跃。

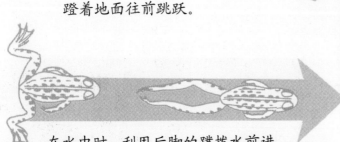

在水中时，利用后脚的蹼拨水前进。

两只眼睛露出水面的青蛙。

◉ 青蛙的食物

青蛙利用长长的舌头捕食在地面跳跃或行走的昆虫。

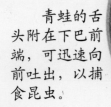

青蛙的舌头附在下巴前端，可迅速向前吐出，以捕食昆虫。

捕食蜻蜓的青蛙

龙虱

◉ 龙虱的活动方式

龙虱一面在水中游水，一面浮出水面呼吸空气。

◉ 龙虱的食物

龙虱身上长有翅膀，可以飞往其他池塘或河川。

小鱼、蝌蚪等都是龙虱捕食的对象。

蝎蝽（xiē chūn）

● 蝎蝽的活动方式

　　蝎蝽利用脚在水中游水，有时会从腹部的前端伸出长长的管子呼吸水面上的空气。

● 蝎蝽的食物

蝌蚪、花鱂（jiāng）等生物都是蝎蝽的捕食对象。

🐟 动脑时间

划蝽

　　从小河或池塘中捉一些划蝽，然后把划蝽放在装了水的杯子里，再放一些小纸片在水中。划蝽会攀附在纸片上，直到沉到水底时才离开纸片。

水蚤（chài）

蜻蜓的幼虫叫作水蚤。水蚤住在小河或池塘的底部。

◉ 水蚤的活动方式

水蚤经常在小河或池塘的底部来回走动。游水时则靠尾部的力量用力游出水面。

◉ 水蚤的食物

小鱼、孑孓（jié jué）等都是水蚤喜爱的食物。

泥鳅

◉ 泥鳅的活动方式

泥鳅除了游水外，还会钻进泥土中，或把头伸出水面呼吸空气。

泥鳅利用鳍和尾部游水前进。

泥鳅的脸部
脸部有 10 根须。

◉ 泥鳅的食物

进食
泥鳅喜欢吃水草，有时候会钻进泥土中捕食小虫。左边照片中的泥鳅正在吃红虫。

田螺

◉ 田螺的活动方式

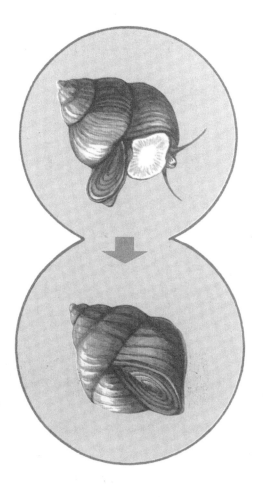

田螺在水底爬行，行动很像蜗牛。当它受到惊吓时会把身体缩回壳里。田螺的外壳硬而结实。

◉ 田螺的食物

田螺的嘴里有齿，齿的形状很像擦丝器，可以把附着在石头或草茎上的苔藓刮下来食用。

整理——水中的生物

■ 居住的地方

　　水中居住着各式各样的生物。有些生物住在水面，有些喜爱在水中游水，有些则住在水底。

■ 活动的方式

　　为了方便游水，住在水面或水中的生物都有很特殊的脚。

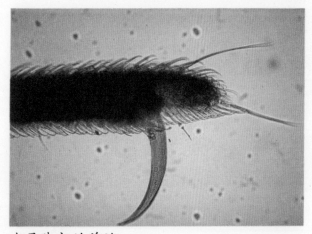

水虿脚部的前端

青蛙脚部的前端

　　有些水中生物如豉甲或龙虱有翅膀，所以可以飞往其他池塘、小河或沼泽。

■ 食物

　　有些水生生物喜爱吃水草，有些喜食小鱼或蝌蚪。

　　每种水生生物的嘴部形状都不一样。

螯虾的嘴部

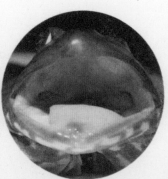

青蛙的嘴部

5 挑战测试题

（1）让我们来养小动物

1 想想看小动物都吃些什么，然后回答下列问题。

(1) 兔子、金鱼、小鸟都吃些什么呢？

把右图的小动物和它们吃的饲料用线连连看。　　　每题4分【20】

① 兔子

甲 胡萝卜

乙 麸饼

(2) 右图的小动物中，哪一只吃东西时要用牙齿咬？把这只小动物找出来，在（　）中写下相应的号码。
【10】

② 金鱼

③ 小鸟

丙 菜叶

丁 粟米

（　　）

(3) 蜗牛都吃些什么呢？看看下面的答案，把正确的一个找出来，并在（　）中画"○"。
【10】

甲（　）卷心菜叶

乙（　）蚯蚓

丙（　）粟米

2 哪一种动物跑的动作和右图一样呢？选出正确的答案，并在（　）中画"○"。
【10】

① （　）金鱼

② （　）鸡

③ （　）十姐妹

④ （　）兔子

⑤ （　）乌龟

答案 **1** (1) ①-甲、丙　②-乙　③-丙、丁　(2) ①　(3) 甲为○　**2** ④为○，兔子会做出正要跳跃的动作。

3 看看蜗牛，再回答下列问题。

每题 10 分【30】

(1) 右图中的蜗牛。是从哪个方向来

看的呢？在正确的答案上画 "○"。

① （ ）从上面看

② （ ）从下面看

③ （ ）从旁边看

④ （ ）从后面看

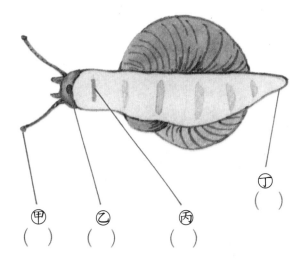

甲（ ） 乙（ ） 丙（ ） 丁（ ）

(2) 再看看上面的图，蜗牛是爬在什么东西上呢？在正确的答案上画 "○"。

甲（ ）纸张 乙（ ）地面

丙（ ）桌子 丁（ ）玻璃

(3) 蜗牛的嘴长在什么地方呢？参考上面的图，在正确的（ ）中画 "○"。

4 看看右图，有动物甲、乙、丙正在筷
子上爬。哪一种动物爬到筷子顶端后，
能张开翅膀飞走呢？在正确的（ ）
中打 ✓。

【10】

甲（ ） 乙（ ） 丙（ ）

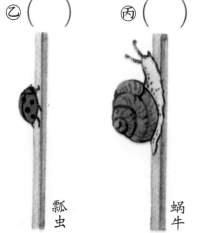

蚂蚁 瓢虫 蜗牛

5 下列生物中有两种主要生活在地面上，请找出来并在（ ）中打 ✓。

甲 花鳉（ ） 乙 蚂蚁（ ） 丙 鼠妇（ ） 丁 蜗牛（ ）

3 (1) ②为○ (2) 丁为○ (3) 乙为○ **4** 乙为 ✓
5 乙、丙为 ✓

（2）寻找生物

1 下列①到⑧之中的昆虫，在什么地方可以常常看到呢？看看右边方框中的答案，把正确的号码填入（　）中。

每题5分【40】

①秋蝉　　（　　）

②螳螂　　（　　）

③七星瓢虫（　　）

④鼠妇　　（　　）

⑤蝗虫　　（　　）

⑥独角仙　（　　）

⑦水黾　　（　　）

⑧蜻蜓　　（　　）

甲 空中
乙 树干
丙 草丛
丁 花盆或原野中的植物与农作物上
戊 石头或垃圾堆下、土壤中
己 水面上

2 在水槽内饲养螯虾时，必须注意哪些事项呢？请回答下列问题。

每题5分【10】

（1）换水时，怎样做才是对的呢？在正确的答案上打✓。

①水槽中的水如果减少了，只要再补上一部分就可以了。（　　）

②一次将水全部换新。（　　）

③一次替换少量的水。（　　）

（2）要怎样喂饵给螯虾吃呢？将正确的答案打✓。

①因为水槽中有水草，所以不必再喂饵料。（　　）

②每次放入适量的饵料，尽量不使水槽中留有残余的饵。（　　）

③把一星期量的饵料一次加到水槽中。（　　）

答案　**1** ①乙　②丙　③丁　④戊　⑤丁　⑥乙　⑦己　⑧甲
2（1）③为✓　（2）②为✓　螯虾吃面包及鱼干类等食物

3 回答下列有关饲养蚂蚁的问题。

(1) 看看右图①到③ 3个瓶子,哪个用来饲养蚂蚁最合适呢? 把正确的号码填入( )中。

( )

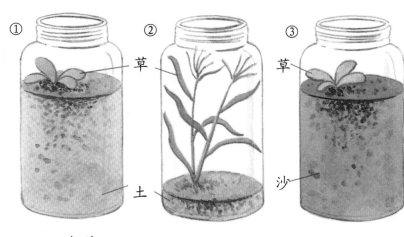

①草 土 ②草 ③草 沙

(2) 饲养蚂蚁所用的瓶子,应该加上右图中的哪个盖子比较适合呢? 把正确的号码填入( )中。

( )

铝盖 ① 棉布 橡皮筋 ②

4 比照一下 (1) 到 (6) 的生物与下面①到⑦的生长情形,把相应的号码填到 ( ) 里。

(1) 水黾 ( ) (2) 青蛙 ( ) (3) 豉甲 ( ) 每题5分【30】

(4) 花鳉 ( ) (5) 水蚤 ( ) (6) 螯虾 ( )

①蜻蜓的幼虫。

②在水面上滴溜溜地转动。

③有鳍。

④在水面上一会儿前进,一会儿停止。

⑤身上有一对剪刀。

⑥如果把它放在玻璃上,就会慢慢地动。

⑦趾间有蹼。

3 (1) ① (2) ②
4 (1) ④ (2) ⑦ (3) ② (4) ③ (5) ① (6) ⑤